北京市昌平区农业废弃物资源化利用十大模式

罗 娟 陈卫文 主编

中国农业科学技术出版社

图书在版编目（CIP）数据

北京市昌平区农业废弃物资源化利用十大模式 / 罗娟，陈卫文主编. --北京：中国农业科学技术出版社，2024.3
ISBN 978-7-5116-6730-4

Ⅰ.①北…　Ⅱ.①罗…②陈…　Ⅲ.①农业废物－废物综合利用－研究－昌平区　Ⅳ.①X71

中国国家版本馆CIP数据核字（2024）第050638号

审图号：京S（2024）018号

责任编辑　姚　欢
责任校对　王　彦
责任印制　姜义伟　王思文

出 版 者	中国农业科学技术出版社
	北京市中关村南大街12号　　邮编：100081
电　　话	（010）82106631（编辑室）　　（010）82106624（发行部）
	（010）82109709（读者服务部）
网　　址	https：// castp.caas.cn
经 销 者	各地新华书店
印 刷 者	北京科信印刷有限公司
开　　本	210 mm×183 mm　1/16
印　　张	5
字　　数	70千字
版　　次	2024年3月第1版　2024年3月第1次印刷
定　　价	30.00元

◀━━━ 版权所有·侵权必究 ━━━▶

《北京市昌平区农业废弃物资源化利用十大模式》

编 委 会

主　　编：罗　娟　　陈卫文
副 主 编：朱晓兰　　王尚君　　邢广青
参编人员：朱本海　　陈克强　　赵亚男　　段改莲　　李彦君　　武　昌
　　　　　霍丽丽　　于佳动　　冯　晶　　熊　波　　郭文杰　　于腾屿
　　　　　朱鹏远　　张沛祯　　申瑞霞　　孙培豪　　韩　冰　　刘京蕊
　　　　　陈明远　　田炜玮　　余森华　　王揽月　　周明源　　于静湜
　　　　　高　娇　　杨　昱　　孙　燚

前　言

农业废弃物资源化利用是全面推进乡村生态振兴、实现农业绿色发展、加强农业生态文明建设的重要内容。北京市积极践行"绿水青山就是金山银山"理念，深入打好农业农村污染治理攻坚战，坚持绿色低碳发展，持续打造宜居宜业乡村环境。昌平区是典型的都市型现代农业区，2023年全区粮食播种面积4.77万亩，蔬菜及草莓种植面积2.59万亩，果林面积13.80万亩。昌平区每年产生农业废弃物超过7万吨，农业废弃物种类多、成分复杂，呈现季节性过剩特征，如果不及时处置利用，将对农业产业发展和农村人居环境造成不利影响。

近年来，昌平区深入贯彻习近平生态文明思想，遵循"减量化、再利用、资源化"的循环经济理念，以提升耕地质量、改善农业农村环境、实现农业高质量发展为目标，坚持因地制宜、农用优先、多元利用，全面开展农作物秸秆、蔬菜尾菜、林果枝条等农业废弃物综合利用，不断完善政策机制，加强组织实施，扎实有序推进各项工作，探索总结了一批典型模式，初步构建了覆盖全面、运转高效、规范有序的农业废弃物循环利用体系，为高质量发展厚植绿色底色、建设美丽北京提供有力支撑。

为推广普及昌平区在农业废弃物资源化利用方面取得的良好经验，促进农业废弃物精细管理和有效循环利用，提高废弃物资源化利用水平，笔者编写了《北京市昌平区农业废弃物资源化利用十大模式》。本书在系统梳理当前北京市昌平区农业种植现状、农业废弃物资源分布、资源化利用做法成效的基础上，聚焦管理体系建设、农作物秸秆资源化利用、蔬菜尾菜资源化利用、林果枝条资源化利用等方面，总结凝练出十大典型模式，并从技术模式简介、工艺流程、技术要点、应用案例等方面进行了详细阐述。北京市昌平区农业废弃物资源化利用模式既有鲜明的地方特色，又有一定的普及适用性，对全国各地农业废弃物资源化利用产业发展具有较好的参考价值。本书内容丰富、图文并茂、通俗易懂，具有较强的实用性和可操作性，可为从事废弃物资源化利用领域的研究人员、技术人员和行政管理人员等提供有益借鉴。

由于时间仓促，书中难免存在疏漏之处，敬请广大读者和同行批评指正，并提出宝贵建议，便于我们再版时及时修订。

编 者

2024 年 1 月 12 日

目 录

一、综合篇 ... 1

北京市昌平区农业种植现状 ... 1
农业废弃物类型 ... 2
农业废弃物资源分布情况 ... 4
农业废弃物资源化利用主要做法成效 ... 7

二、管理体系建设篇 ... 14

模式一　农业废弃物资源台账数字化模型 ... 14
模式二　基于"农资宝"App 的智慧管理模式 ... 18

三、农作物秸秆资源化利用篇 ... 22

模式三　麦秸覆盖玉米秸碎混埋还田技术模式 ... 22

模式四　农作物秸秆黄贮饲料利用技术模式·· 27

四、蔬菜尾菜资源化利用篇·· 32

模式五　卧式滚筒好氧堆肥技术模式·· 32
模式六　一体化好氧堆肥技术模式·· 41
模式七　田间纳米膜堆肥技术模式·· 46
模式八　条垛式堆肥技术模式·· 52

五、林果枝条资源化利用篇·· 58

模式九　林果枝条制作食用菌菌棒技术模式·· 58
模式十　林果枝条制备生物覆盖材料技术模式·· 64

一、综合篇

北京市昌平区农业种植现状

北京市昌平区下辖 8 个街道、14 个镇（含北企公司）。2023 年，全区粮食播种面积 4.77 万亩，其中玉米 3.66 万亩、小麦 0.81 万亩、其他 0.3 万亩；蔬菜及草莓种植面积 2.59 万亩，其中蔬菜 2.30 万亩、草莓 0.29 万亩；果林面积 13.80 万亩，主要包括苹果、板栗、柿子、核桃等。

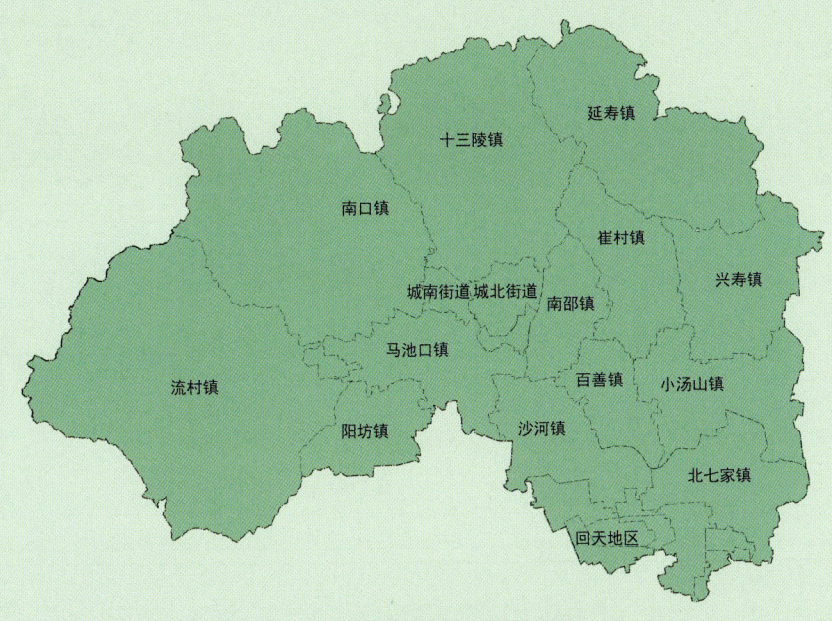

北京市昌平区行政区划图

农业废弃物类型

2023年,昌平区农业废弃物可收集量7.36万吨,主要有农作物秸秆、蔬菜尾菜、林果枝条3种类型。其中,农作物秸秆可收集量1.39万吨,主要是小麦秸秆、玉米秸秆等。蔬菜尾菜可收集量2.28万吨,主要是草莓秧、茄果秧、瓜秧、白菜秧、甘蓝秧等。林果枝条可收集量3.69万吨(鲜重),主要是苹果枝、枣树枝、桃树枝、梨树枝等。

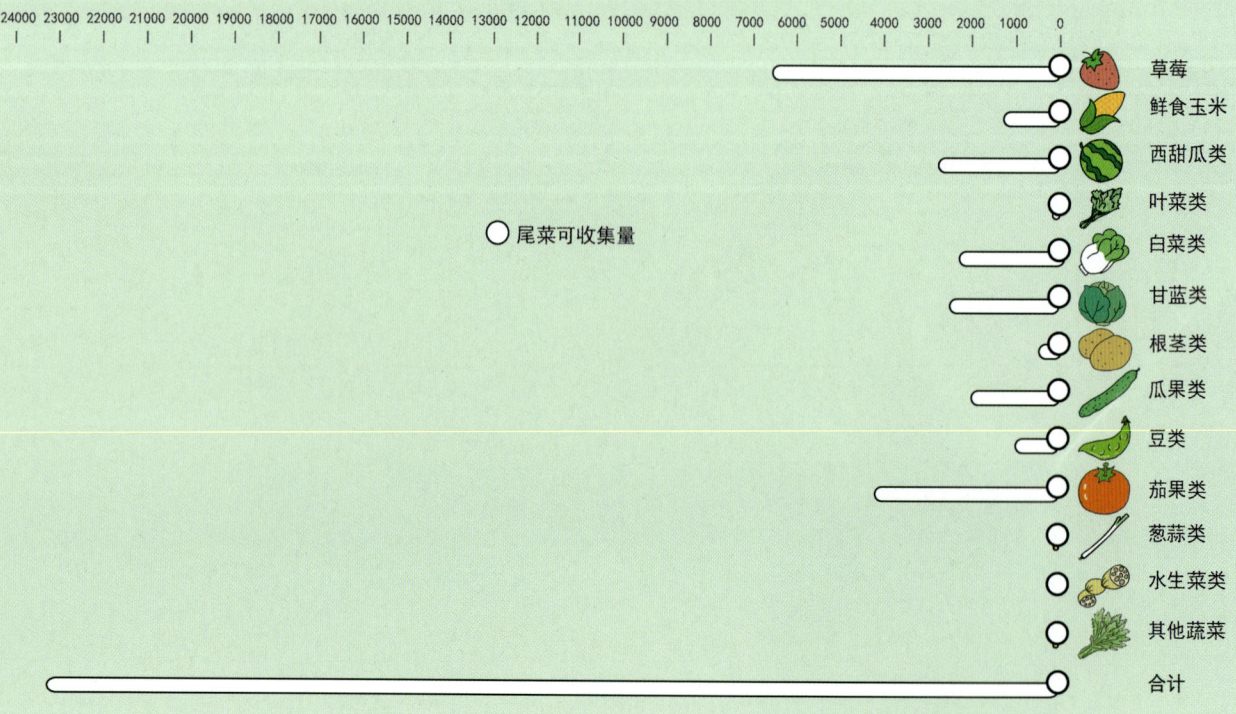

2023年蔬菜尾菜资源量汇总(单位:吨)

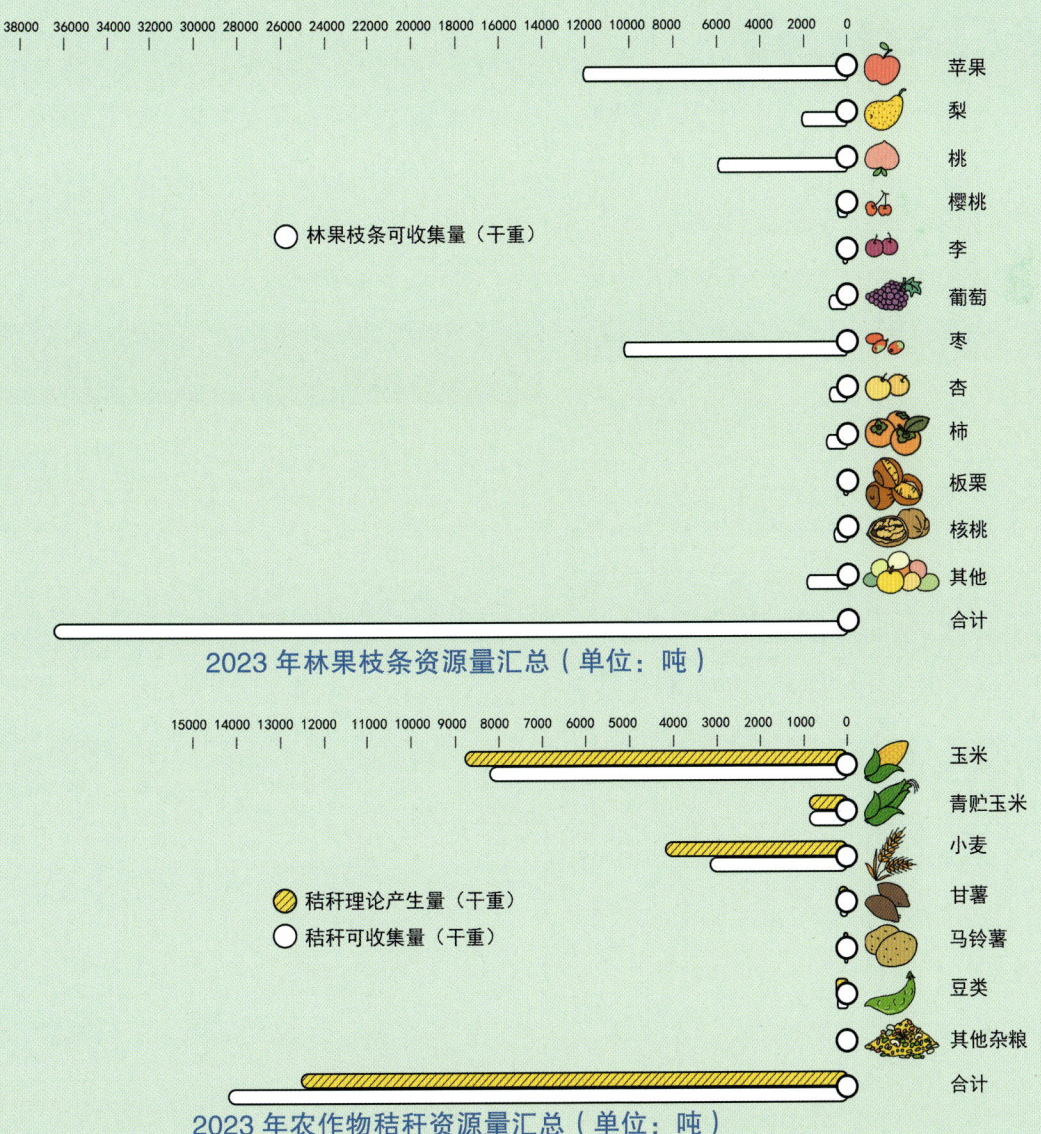

农业废弃物资源分布情况

昌平区农作物秸秆主要分布在十三陵镇、小汤山镇、兴寿镇、北七家镇、百善镇等乡镇街道（简称镇街）；设施尾菜、藤蔓及草莓秧等蔬菜尾菜主要分布在兴寿镇、百善镇、崔村镇、小汤山镇等镇街；林果枝条主要分布在十三陵镇、流村镇、崔村镇、延寿镇、南口镇、兴寿镇等镇街。

2023年农作物秸秆产生情况（单位：吨）

序号	镇街	产生量	可收集量
1	百善镇	1549.79	1407.31
2	北七家镇	1613.90	1421.16
3	城北街道	0.00	0.00
4	城南街道	0.00	0.00
5	崔村镇	879.39	792.86
6	流村镇	807.78	746.05
7	马池口镇	900.26	830.80
8	南口镇	798.16	748.74
9	南邵镇	452.88	420.53
10	沙河镇	765.59	675.22
11	十三陵镇	2423.61	2072.49
12	小汤山镇	2011.42	1837.51
13	兴寿镇	1838.93	1705.00
14	延寿镇	61.52	57.39
15	阳坊镇	828.87	735.97
16	北企公司	421.72	403.11
	合计	15353.82	13854.14

2023年蔬菜尾菜产生情况（单位：吨）

序号	镇街	产生量（干重）	可收集量（鲜重）
1	百善镇	394.01	3459.01
2	北七家镇	25.13	290.01
3	城北街道	0.00	0.00
4	城南街道	45.82	400.43
5	崔村镇	630.11	3249.66
6	流村镇	80.28	517.73
7	马池口镇	115.95	1043.04
8	南口镇	121.65	629.42
9	南邵镇	289.88	2171.66
10	沙河镇	166.51	2068.53
11	十三陵镇	60.82	635.70
12	小汤山镇	271.35	2544.75
13	兴寿镇	442.90	4089.46
14	延寿镇	16.35	69.72
15	阳坊镇	210.04	1681.77
	合计	2870.80	22850.88

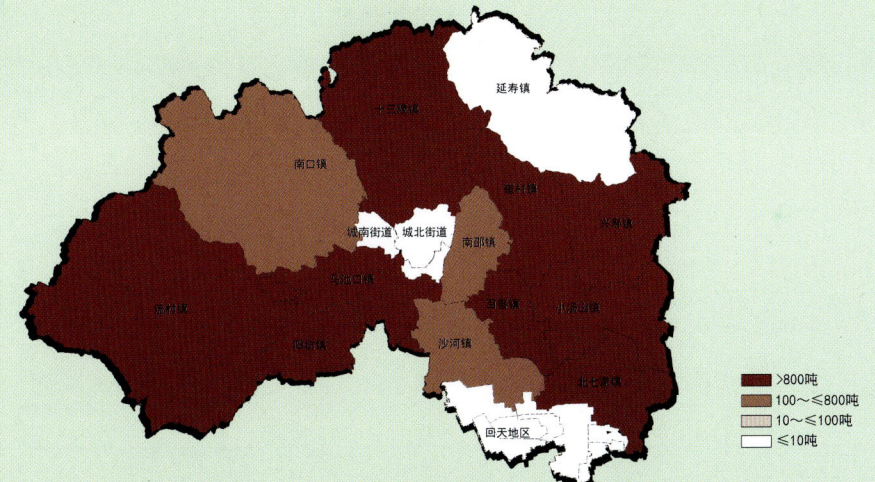

昌平区农作物秸秆产生情况分布图

昌平区蔬菜尾菜产生情况分布图

2023年林果枝条产生情况（单位：吨）

序号	镇街	产生量（干重）	收集时重量（鲜重）	序号	镇街	产生量（干重）	收集时重量（鲜重）
1	百善镇	56.13	128.07	9	南邵镇	641.21	1452.27
2	北七家镇	29.70	67.89	10	沙河镇	13.00	178.15
3	城北街道	49.90	113.93	11	十三陵镇	4889.02	9228.67
4	城南街道	152.36	339.59	12	小汤山镇	195.16	442.77
5	崔村镇	2377.10	5232.92	13	兴寿镇	1540.86	3468.03
6	流村镇	3248.45	6026.04	14	延寿镇	2524.05	4437.90
7	马池口镇	294.09	662.36	15	阳坊镇	491.19	1112.65
8	南口镇	1837.15	4023.56		合计	18339.38	36914.80

昌平区林果枝条产生情况分布图

农业废弃物资源化利用主要做法成效

1. 农业废弃物综合利用率稳步提升

2020—2023年，昌平区大力推进农业废弃物资源化利用，出台《昌平区开展农业废弃物肥料化利用生产土壤改良剂标准化生产技术规程（试行）》《昌平区开展农业废弃物肥料化利用生产土壤改良剂质量标准（试行）》等标准规范，农业废弃物利用能力不断提升，综合利用率显著提高。其中，农作物秸秆基本实现全量化利用；蔬菜尾菜综合利用率由22.1%到逐步实现全量化利用；林果枝条综合利用率由27.1%提升到74.8%，增长近两倍。

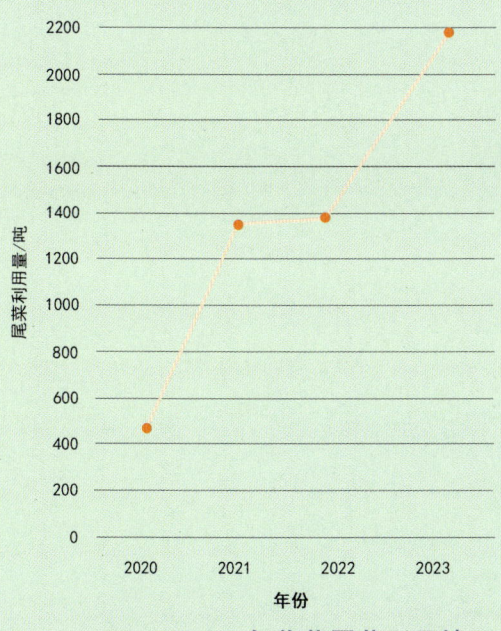

2020—2023年蔬菜尾菜利用情况

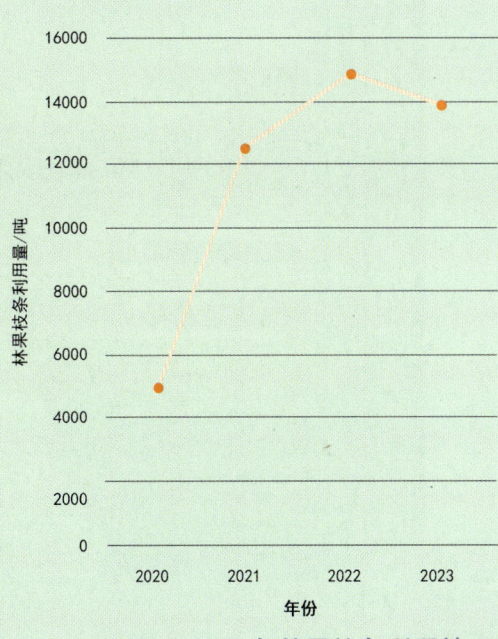

2020—2023年林果枝条利用情况

2. 国内首次构建数字化资源台账数字化模型

自 2020 年起，昌平区以农作物秸秆资源台账为基础，建立了涵盖农作物秸秆、蔬菜尾菜、林果枝条在内的全区农业废弃物资源台账，积累了连续 4 年的基础数据，为昌平区农业废弃物综合利用政策制定和产业发展提供了有力支撑。2023 年以来，昌平区持续加大对已有台账数据的开发与利用，在全国率先探索构建了区级农业废弃物资源化利用数字化模型，实现全区各涉农镇街农业废弃物资源量与利用情况可视化。

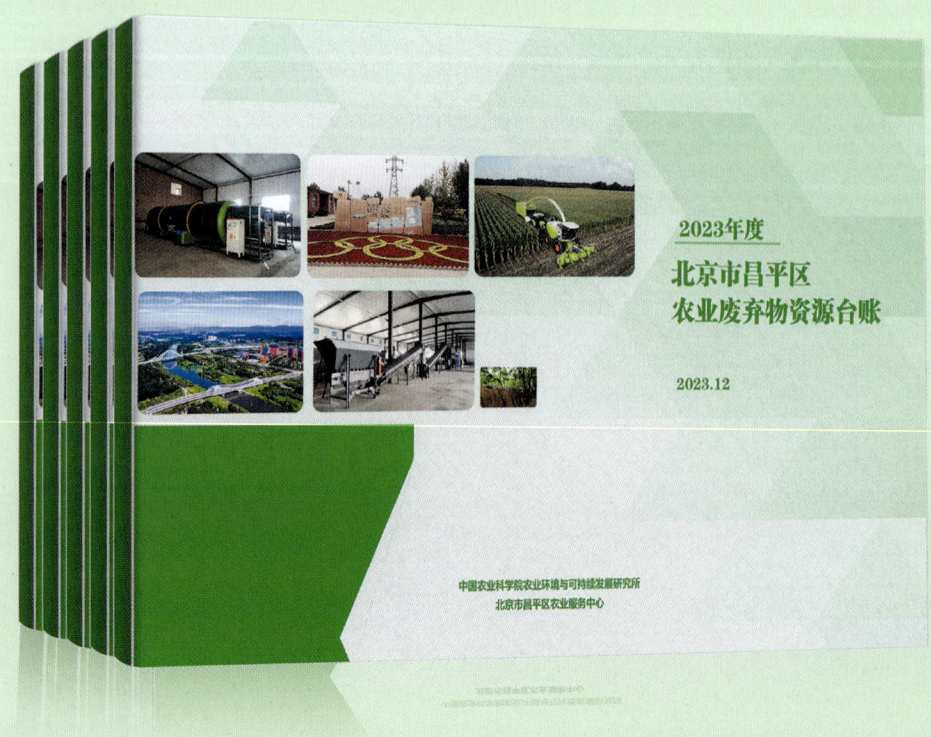

3. 蔬菜尾菜产生系数测算工作全市领先

2020年，昌平区率先在北京市开展蔬菜尾菜资源量监测评估工作，科学测算出12大类蔬菜尾菜的产生系数、可收集系数等基础参数，核算出全区蔬菜尾菜的产生量、可收集量等关键数据。2023年，昌平区启动全区蔬菜产生系数、可收集系数等监测工作，开展14个蔬菜品种种植密度、尾菜含水率、pH值、电导率等主要指标测定，拟探索形成一套适宜北京市、可供黄淮海地区参考借鉴的蔬菜尾菜产生系数、可收集系数推荐值。

蔬菜尾菜产生系数、可收集系数汇总表

类型	蔬菜尾菜产生系数	蔬菜尾菜可收集系数
绿叶菜类	2.1%~9.7%	0.22%~0.32%
白菜类	2.1%~7.8%	0.78%~0.90%
甘蓝类	3.2%~10.7%	0.80%~0.92%
根茎类	3.4%~6.5%	0.66%~0.78%
瓜果类	1.3%~4.2%	0.85%~0.93%
豆类	4.6%~9.5%	0.80%~0.85%
茄果类	2.1%~9.2%	0.83%~0.90%
葱蒜类	0.9%~2.4%	0.69%~0.80%

4. 构建农业废弃物资源化利用全覆盖格局

昌平区致力于实现全区农业废弃物全量化利用，加快推进综合利用站点建设与提升，开发"农资宝"App，构建农业废弃物数字化管理系统，建成大型综合循环利用中心2个、镇级处理站8个、社会化服务组织6个，以及多个农作物秸秆直接粉碎还田利用点，目前已建成覆盖全区的"区域站＋镇级站＋处理点＋社会化服务"的农业废弃物资源化利用网络格局，实现"约、收、储、运、产、换"全流程产业化服务与数字化管理。

 区域站

 镇级站

 处理点

北京市昌平区农业废弃物利用网络格局

一、综合篇 11

5. 探索形成农业废弃物资源化利用十大模式

昌平区聚焦推进农业废弃物全量化利用，从管理体系建设以及农作物秸秆、蔬菜尾菜、林果枝条资源化利用4个方面，持续加大政策支持，强化科技创新支撑，全力开展技术集成和示范推广，总结凝练出具有昌平区特色的农业废弃物资源化利用十大模式。

管理体系建设

1. 农业废弃物资源台账数字化模型
2. 基于"农资宝"App的智慧管理模式

农作物秸秆资源化利用

3. 麦秸覆盖玉米秸碎混埋还田技术模式
4. 农作物秸秆黄贮饲料利用技术模式

北京昌平区农业废弃物资源化利用十大模式

蔬菜尾菜资源化利用

5. 卧式滚筒好氧堆肥技术模式
6. 一体化好氧堆肥技术模式
7. 田间纳米膜堆肥技术模式
8. 条垛式堆肥技术模式

林果枝条资源利用

9. 林果枝条制作食用菌菌棒技术模式
10. 林果枝条制备生物覆盖材料技术模式

二、管理体系建设篇

模式一 农业废弃物资源台账数字化模型

为进一步摸清昌平区各涉农镇街农业废弃物资源底数，了解主要利用方式及利用成效，为政策制定提供理论依据和科学支撑，昌平区联合中国农业科学院农业环境与可持续发展研究所，以各镇街为基本单元，建立区级农作物秸秆资源台账、蔬菜尾菜资源台账、林果枝条资源台账，并构建昌平区农业废弃物综合利用可视化、数字化模型，形成昌平区台账数据管理典型模式。

1. 模式介绍

　　该模式通过入户调查、田间调查、取样检测和统计年鉴数据分析相结合的方式,科学核算农业废弃物产生量、可收集量、综合利用量及利用率,并采用信息技术手段,对数据进行处理与分析,开发可视化展示、趋势分析、预测预警等功能,实现全区及各镇街农业废弃物资源产生量、站点分布及利用率等情况的实时展示。

2. 实施成效

自 2020 年起,昌平区每年开展农业废弃物资源台账建设。截至目前,已建立涵盖农作物秸秆、蔬菜尾菜、林果枝条的区级农业废弃物资源台账 4 套,流村镇、兴寿镇典型镇农业废弃物资源台账 2 套,构建农业废弃物综合利用可视化数字化模型 1 套,为农业废弃物综合利用政策创设以及《昌平区"十四五"农业废弃物综合利用实施方案》《昌平区蔬菜尾菜全量化利用实施方案》等方案编制提供数据支撑。

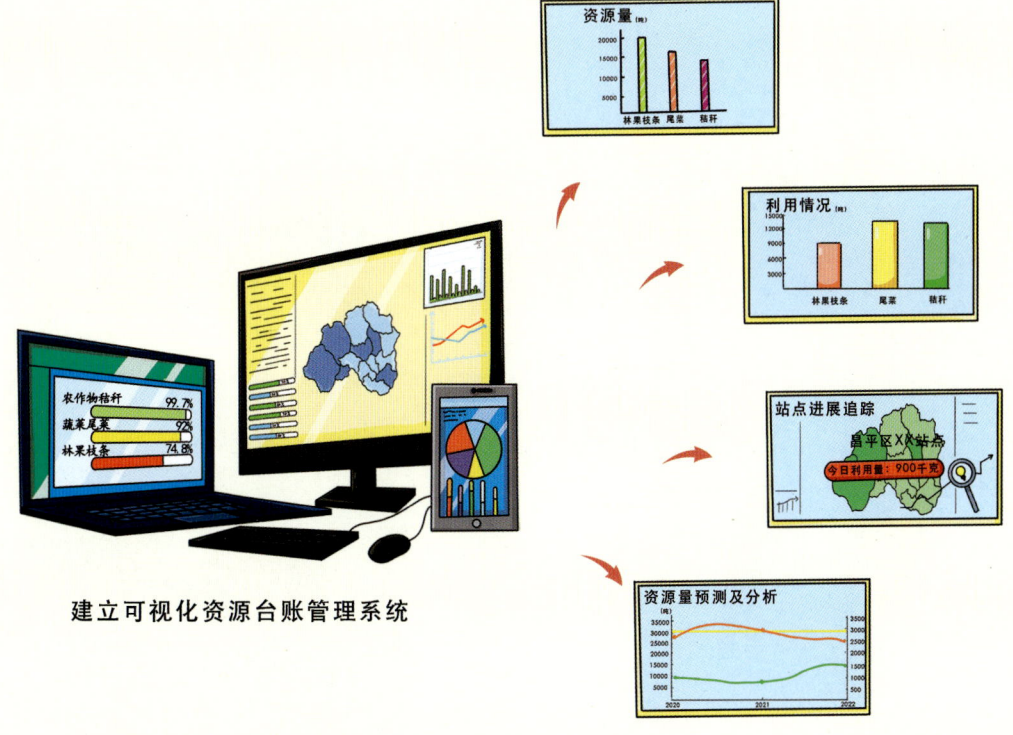

建立可视化资源台账管理系统

模式二　基于"农资宝"App 的智慧管理模式

近年来，昌平区加快推进农业废弃物综合利用站点建设，综合利用能力显著提升，但仍面临农业废弃物收运难、利用难等问题。为此，昌平区充分借助农业物联网和大数据等现代技术，推进农业信息量化处理、可视化管理及资源共享，开发了"农资宝"系统服务平台，建立健全农业废弃物"离田—处理—还田"资源化循环利用链条，提高了农业信息化建设水平、政府部门管理水平和科学决策能力，形成了一套农业废弃物资源化利用运行管理的典型模式。

约

收

换

产

1. 模式简介

该模式依托"农资宝"App，搭建连接农业生产农户和经营主体、社会化服务组织、综合利用站点与农业农村管理部门的服务管理平台。整合了农户手机预约、扫码登记、称重记录、兑换记录等多种功能，建立了农业废弃物处理利用的数字化管理模式，实现了昌平区农业废弃物"约、收、储、运、产、换"六位一体全流程循环利用运营。

2. 模式要点

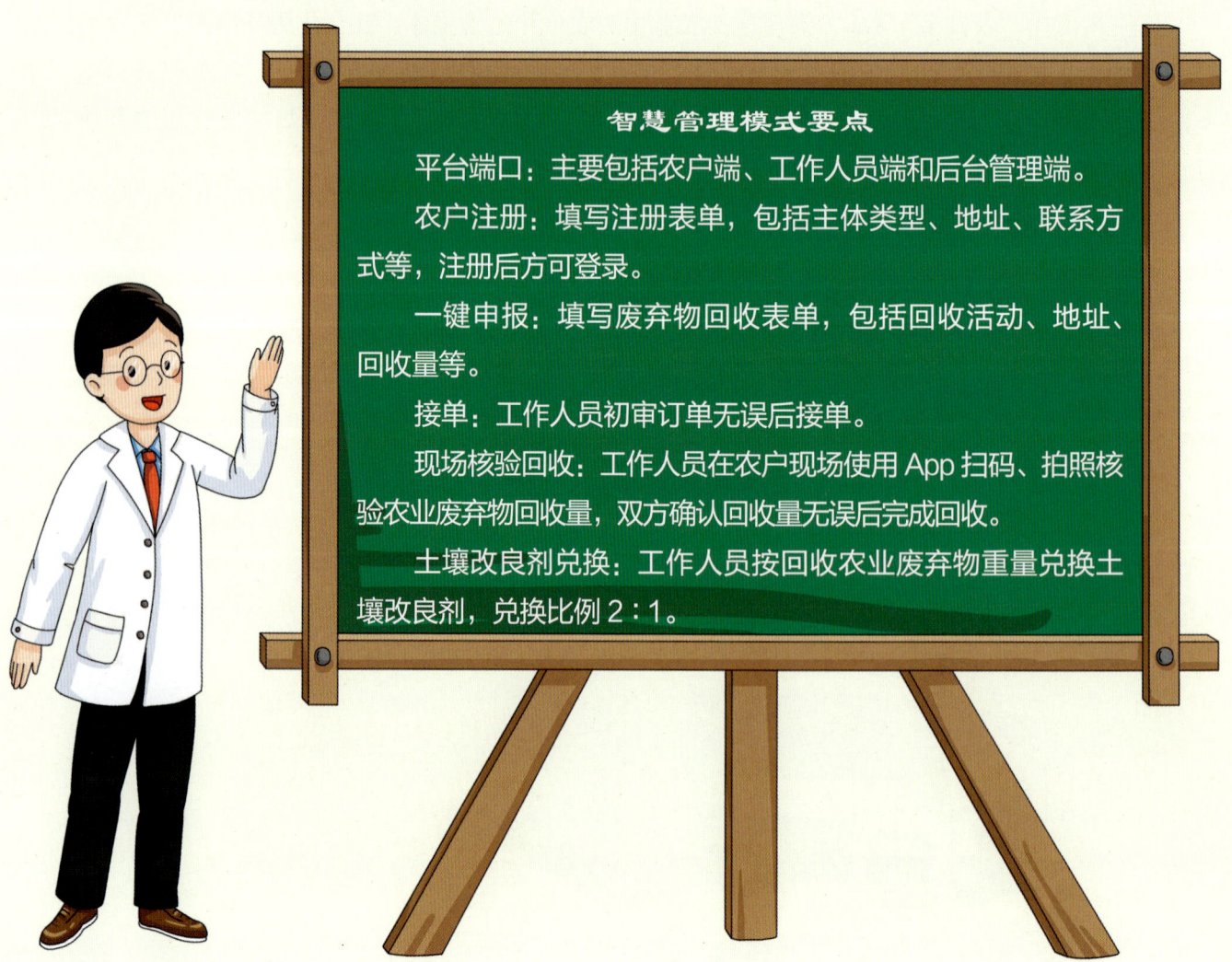

智慧管理模式要点

平台端口：主要包括农户端、工作人员端和后台管理端。

农户注册：填写注册表单，包括主体类型、地址、联系方式等，注册后方可登录。

一键申报：填写废弃物回收表单，包括回收活动、地址、回收量等。

接单：工作人员初审订单无误后接单。

现场核验回收：工作人员在农户现场使用App扫码、拍照核验农业废弃物回收量，双方确认回收量无误后完成回收。

土壤改良剂兑换：工作人员按回收农业废弃物重量兑换土壤改良剂，兑换比例2∶1。

3. 实施成效

昌平区数字化管理平台机房设置在兴寿镇农业废弃物综合利用站，目前已覆盖兴寿镇、小汤山镇、流村镇等 10 个农业废弃物综合利用站。

"农资宝" App 服务平台于 2022 年 3 月上线应用，目前已在百善镇、流村镇、兴寿镇、崔村镇、阳坊镇、延寿镇和南口镇 7 个镇推广应用，累计注册用户 415 人，完成订单 583 单，累计回收农业废弃物 4 万余吨，兑换土壤改良剂 1.5 万吨。

三、农作物秸秆资源化利用篇

模式三　麦秸覆盖玉米秸碎混埋还田技术模式

1. 模式简介

该模式在小麦收获季节,利用带有农作物秸秆粉碎还田装置的联合收割机将小麦秸秆就地粉碎,均匀抛撒在地表,直接免耕播种玉米;在玉米收获季节,用秸秆粉碎机完成玉米秸秆粉碎,然后采用铧氏犁或旋耕机趁秸秆青绿时翻耕入土,完成秸秆还田作业后播种小麦。

该模式具有简化作业环节、减少能源消耗、降低投入成本、增加生产效益等优点，可使土壤有机质含量提高 0.15%~0.20%，粮食增产 10%~25%，与传统秸秆还田方式相比，功效提高 50~120 倍。

小麦联合收割机

2. 工艺流程

该模式适用于一年两熟制的小麦—玉米轮作种植区域,玉米秸秆翻耕每3年为1个周期,1年深耕、2年旋耕,可实现加深耕层、增加土壤碳氮固持、促进根系下扎发育、提高耕地质量。

玉米免耕播种

小麦收获后小麦秸秆粉碎还田覆盖

小麦播种

玉米机械收获

玉米秸秆粉碎

第一年、第二年旋耕作业

撒施尿素及腐熟剂

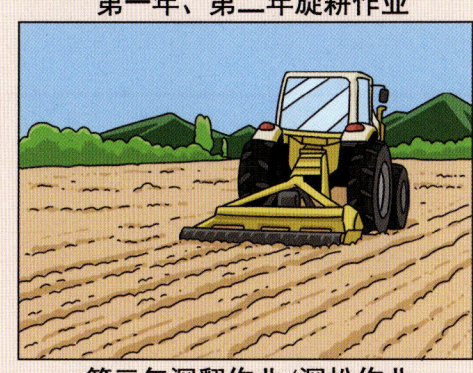
第三年深翻作业/深松作业

三、农作物秸秆资源化利用篇

3. 技术要点

秸秆粉碎：小麦秸秆平均留茬高度≤10厘米，秸秆切碎长度≤10厘米；玉米秸秆切碎长度5~7厘米。

免耕播种：玉米播种采用种肥同播，小麦耕前施用基肥，使用宽幅精播。

撒施氮肥和腐熟剂：玉米秸秆还田后，每亩均匀撒施尿素5~7.5千克、有机物料腐熟剂4千克，用于调节C/N。

翻耕：玉米秸秆采用"两旋一深"耕作周期，深耕作业深度≥25厘米，避免大量生土翻入耕层，旋耕作业深度≥15厘米，耕深合格率≥85%，耕后平整度≤5厘米。

4. 应用案例

实施主体：北京克满农机专业合作社。

地点及规模：位于昌平区百善镇，占地3000平方米，拥有农作物秸秆粉碎还田机、深松机、粉碎机、旋耕机和拖拉机等农业机械50余台套，总投资480万元左右。

设计处理能力及服务范围：年可完成农作物秸秆粉碎还田1万亩，服务范围覆盖小汤山镇、北七家镇、崔村镇、百善镇、沙河镇、马池口镇、兴寿镇、城南街道8个镇街。

模式四　农作物秸秆黄贮饲料利用技术模式

1. 模式简介

黄贮技术又称自然发酵法，在玉米成熟期，采用茎穗兼收机同时收获玉米籽粒和秸秆，粉碎后的秸秆运送至黄（青）贮窖压实、密封保存，或在田头直接密封裹包，经过自然发酵形成具有酸香味的优质黄贮饲料，按比例与豆粕、麸皮、玉米等精饲料混配，供应肉牛、肉羊等草食畜种食用。

该模式将秸秆紧实地堆积在不透气的黄（青）贮窖中，通过厌氧微生物发酵作用，使原料中的糖分转化为乳酸等有机酸，有机酸积累到一定浓度，可以抑制腐败菌等嗜氧微生物的活动，达到保存饲料养分的目的。

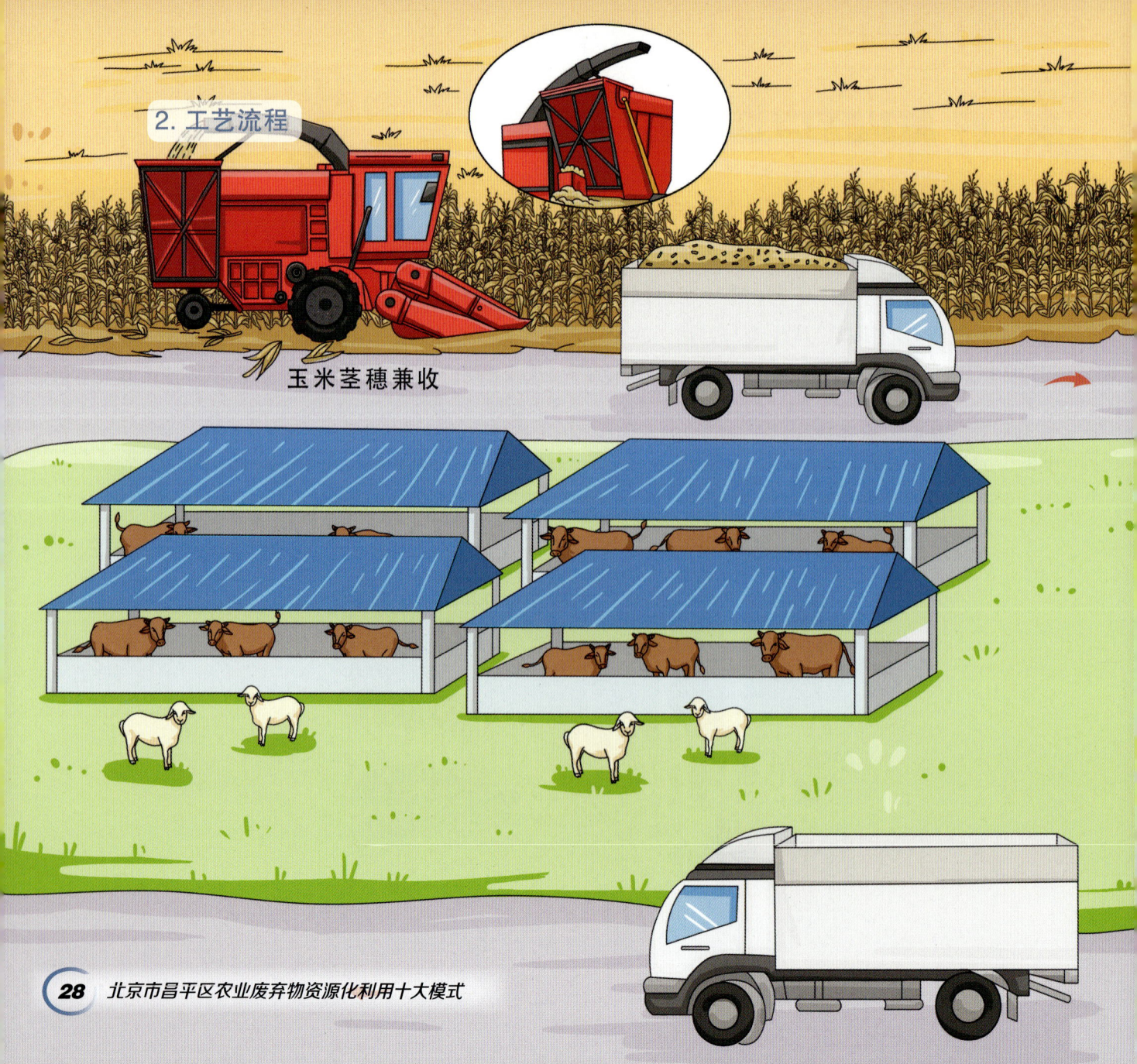

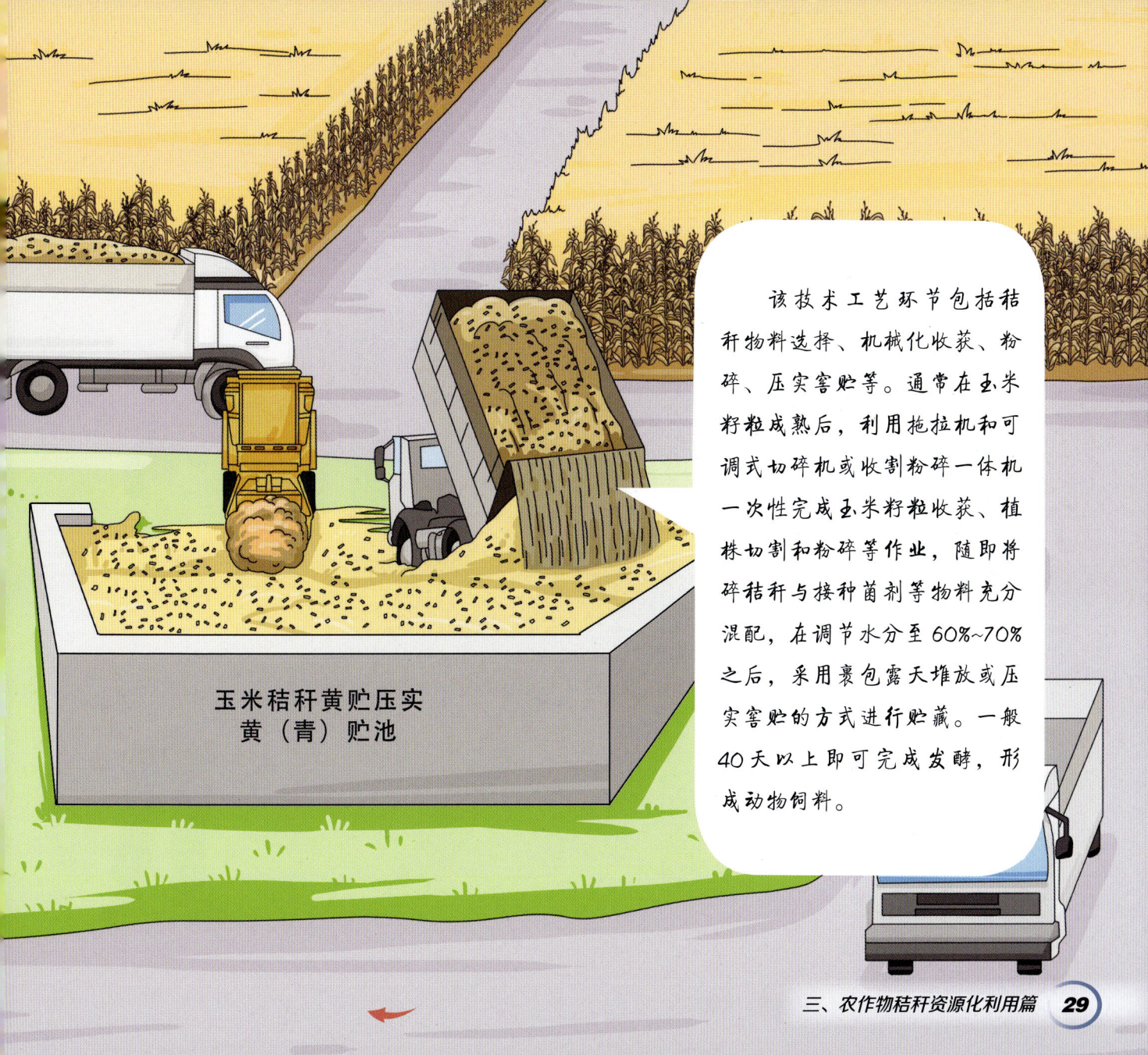

该技术工艺环节包括秸秆物料选择、机械化收获、粉碎、压实窖贮等。通常在玉米籽粒成熟后，利用拖拉机和可调式切碎机或收割粉碎一体机一次性完成玉米籽粒收获、植株切割和粉碎等作业，随即将碎秸秆与接种菌剂等物料充分混配，在调节水分至60%~70%之后，采用裹包露天堆放或压实窖贮的方式进行贮藏。一般40天以上即可完成发酵，形成动物饲料。

玉米秸秆黄贮压实黄（青）贮池

三、农作物秸秆资源化利用篇

3. 技术要点

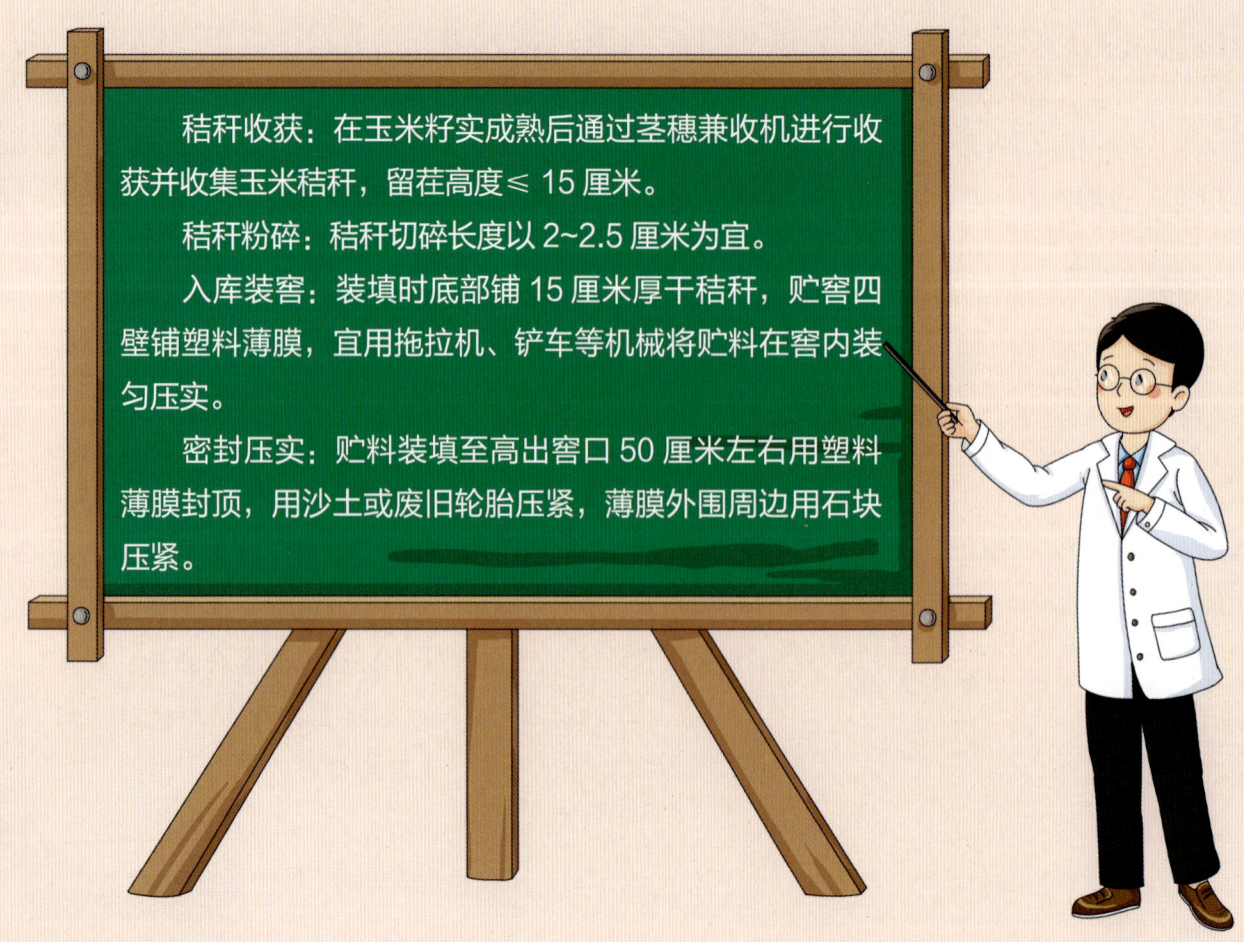

秸秆收获：在玉米籽实成熟后通过茎穗兼收机进行收获并收集玉米秸秆，留茬高度≤15厘米。

秸秆粉碎：秸秆切碎长度以2~2.5厘米为宜。

入库装窖：装填时底部铺15厘米厚干秸秆，贮窖四壁铺塑料薄膜，宜用拖拉机、铲车等机械将贮料在窖内装匀压实。

密封压实：贮料装填至高出窖口50厘米左右用塑料薄膜封顶，用沙土或废旧轮胎压紧，薄膜外围周边用石块压紧。

4. 模式推广情况

目前,昌平区有秸秆黄贮收获机9台,总投资1500余万元。已在小汤山镇、北七家镇、马池口镇等镇街开展农作物秸秆黄贮利用,2020—2022年收集玉米秸秆1万余吨,覆盖8个镇街的1.23万亩玉米地。同期,在外埠作业4万余亩。

四、蔬菜尾菜资源化利用篇

模式五 卧式滚筒好氧堆肥技术模式

1. 模式简介

卧式滚筒好氧堆肥技术是利用卧式连续生物发酵成套装备，对蔬菜尾菜、林果剪枝凋萎物、农作物秸秆、畜禽粪污等农业废弃物进行资源化利用的处理方式。通过高温好氧发酵，利用微生物的活性，对废弃物中的有机质进行生物分解和腐熟，实现物料高温灭菌及水分蒸发，最终产物为土壤改良剂。

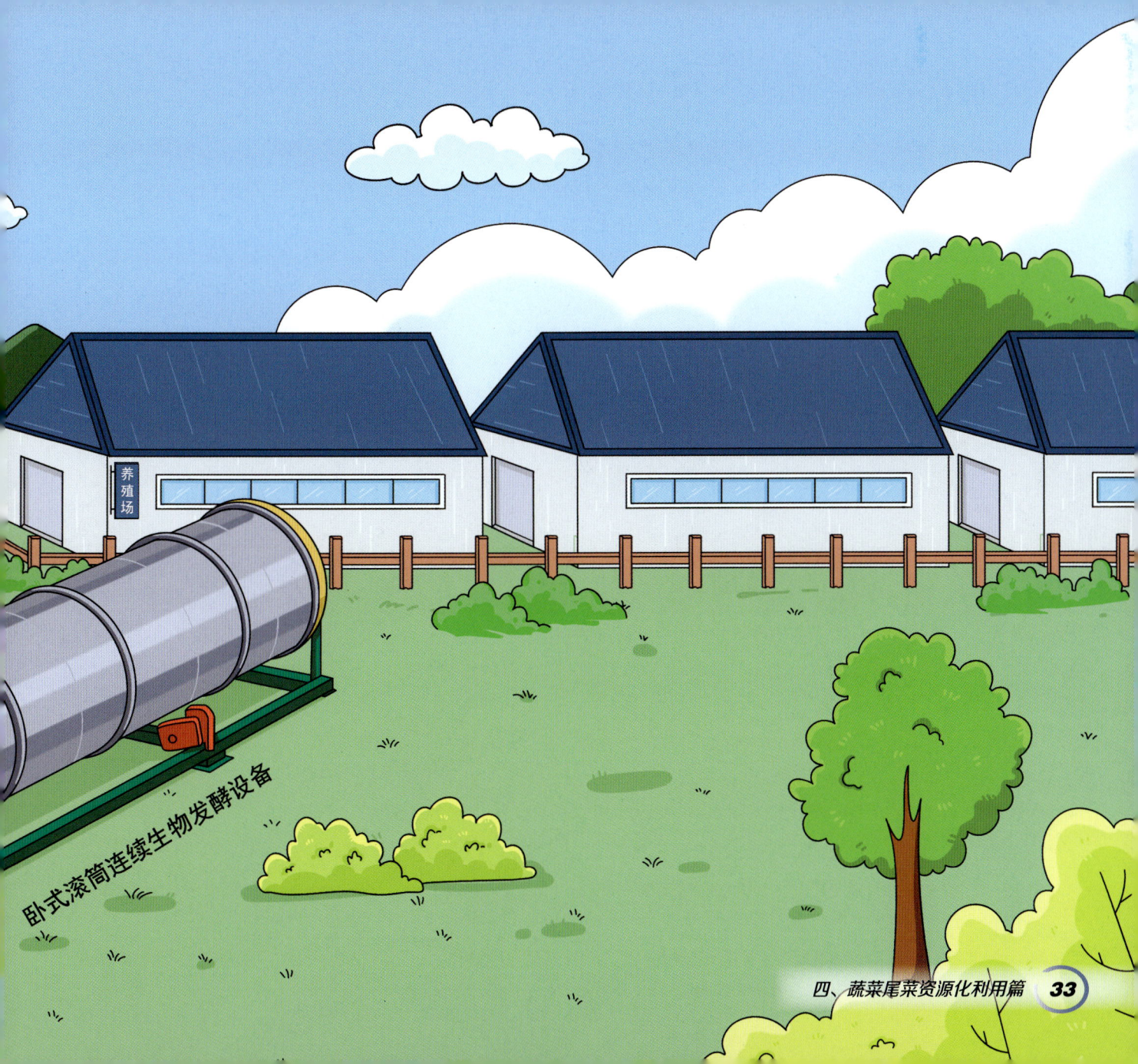

四、蔬菜尾菜资源化利用篇

2. 工艺流程

物料粉碎后分别放置于储料装置暂存，然后通过提料机按照设定的配比定时定量送入搅拌设备进行充分混合。搅拌完成后由定量传送设备将物料送至卧式滚筒生物发酵设备，进行连续发酵。发酵处理后的物料通过输送机送至陈化场进行陈化。

该技术既解决了农业废弃物的资源化利用问题，又增加了土壤养分，为作物的生长提供有利条件，具有操作简单、发酵时间短、能耗低、连续进出料、发酵产物腐熟度高、对环境无污染等优点。

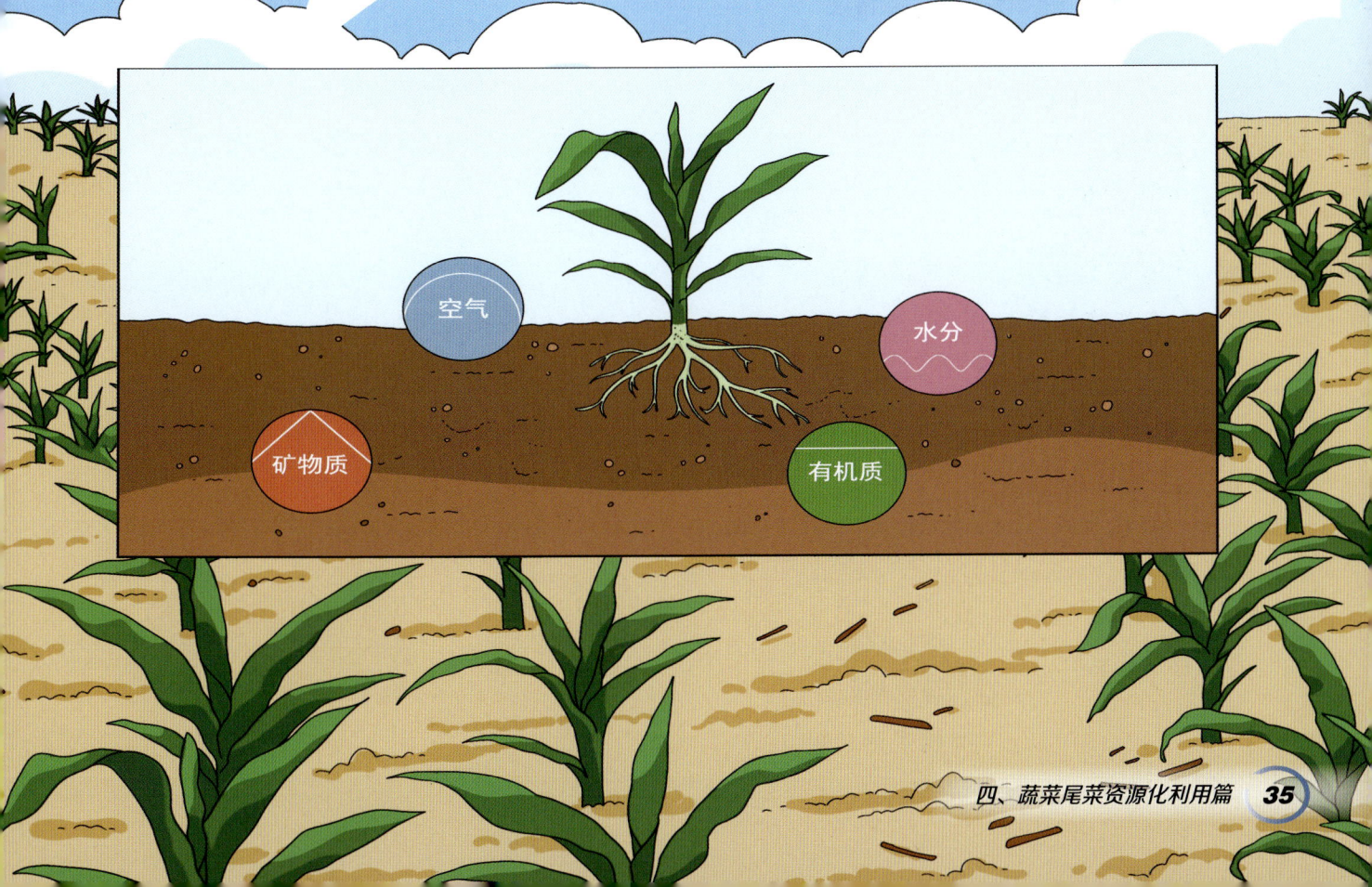

3. 技术要点

（1）蔬菜尾菜等农业废弃物粉碎后与畜禽粪污等按照配比定时定量送入搅拌设备进行混合。

（2）混合完成后的物料再定量传送至卧式滚筒连续生物发酵设备，同时加入发酵菌剂。

（3）初始物料含水率调节至 60%~70%，发酵完成后含水率降至约 30%。

（4）初始发酵温度在 45℃以下，经 1~2 天后，温度达到 55~70℃，进入高温发酵。发酵周期 7 天左右。

卧式滚筒连续生物发酵设备

土壤改良剂

土壤改良剂施用

4. 技术特点

（1）生产效率高。主发酵仓发酵过程分为产热阶段、高温阶段和出料阶段，运行一个周期2~10天。

（2）运行成本低。主发酵仓处理1吨物料耗电量低于10千瓦时。

（3）产品优质。通过通气控制及转动，使主发酵仓中物料均匀发酵，保证最终产品有机肥料质量均一。同时，减少发酵过程中氮素等营养元素的挥发，提高了产品质量。

（4）零污染、零排放。主发酵仓采用封闭式发酵系统，回收处理过程中形成的氨气、二氧化硫等废气，实现污染气体零排放。

（5）可处理高含水率农业废弃物。该技术可以处理含水率高达65%的物料，有利于减少辅料用量，降低处理成本。

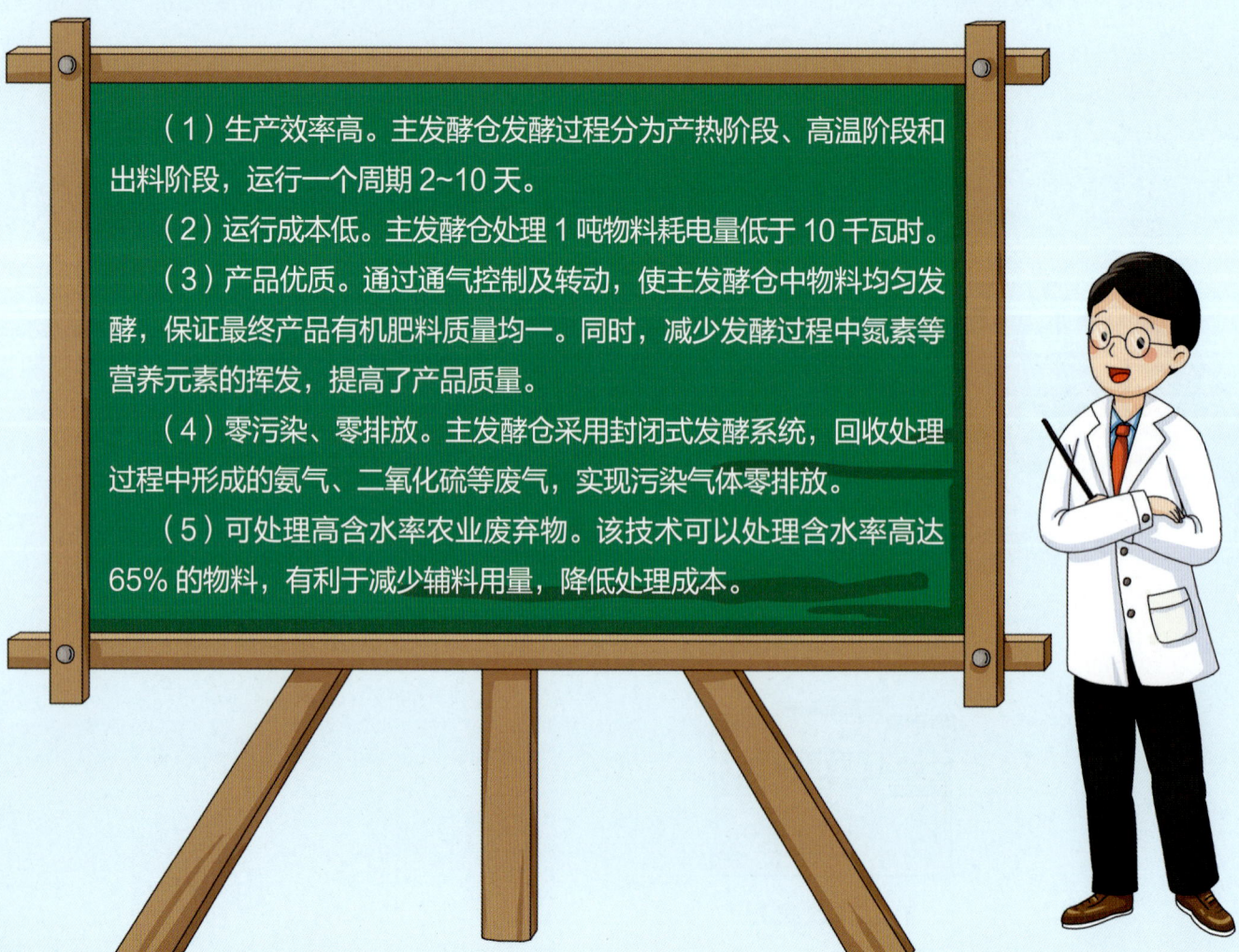

5. 应用案例

名称：流村镇农业废弃物综合利用站。

地点及规模：位于流村镇下店村，厂房面积2000平方米、原料堆肥场面积6660平方米。

设计处理能力及覆盖范围：年处理农业废弃物7000吨、生产土壤改良剂4000吨，覆盖全镇28个村，并辐射南口镇、阳坊镇。

运行情况：2021年初建成投产，2022年处理农业废弃物4000余吨，生产土壤改良剂2000余吨；2023年处理农业废弃物6000余吨，生产土壤改良剂3000余吨。

模式六　一体化好氧堆肥技术模式

1. 模式简介

一体化好氧堆肥技术是以蔬菜尾菜、农作物秸秆、畜禽粪污等农业废弃物为原料,按照一定比例配混,添加发酵菌剂,通过外部热源进行加热,采用连续式发酵设备进行快速高温发酵腐熟,堆肥后熟,不仅能产生大量可构成土壤肥力的重要活性物质"腐殖质",而且能产生多种可供农作物吸收利用的营养物质,如有效态氮、磷、钾等,是制备土壤改良剂、高品质有机肥等产品的重要途径。

2. 工艺流程

　　主要技术工艺流程包括原料粉碎预处理、物料混配、添加菌剂、混合高温发酵、二次腐熟陈化、除臭除尘、筛分包装等，以及生产土壤改良剂。根据实际情况可增设配方、造粒、烘干等工序，产品主要为颗粒肥、基质肥等。

3. 技术要点

（1）蔬菜尾菜及农作物秸秆等经粉碎、称重配比后，在搅拌机内调节含水率至 50%~55%，然后进行搅拌，同时混入发酵菌剂。

（2）发酵仓内物料加热至 45~55℃后，发酵 3~7 天，达到有机质分解 40%~60%，含水率下降 5%~15%。

（3）将发酵后的产物堆积成条垛式进行二次腐熟，5~7 天翻抛一次，腐熟周期约为 15 天。

（4）二次腐熟后的物料依次经过配料、混合、制粒、冷却筛分、包装储存等处理，最后形成有机肥。

4. 应用案例

名称：兴寿镇农业废弃物综合利用站。

地点及规模：兴寿镇西新城村南兴奥环卫中心，占地面积26亩，建筑规模3500平方米。

设计处理能力及覆盖范围：设计年处理农作物秸秆等农业废弃物6000吨、生产土壤改良剂4000吨，覆盖范围涵盖兴寿镇、小汤山镇、崔村镇等东部6个镇。

运行情况：2020年建成投产，2023年处理蔬菜尾菜、农作物秸秆等农业废弃物9205吨，生产土壤改良剂5201吨，实现21个村农业废弃物综合处理利用。

模式七　田间纳米膜堆肥技术模式

1. 模式简介

田间纳米膜堆肥技术是将蔬菜尾菜、农作物秸秆、畜禽粪污等农业废弃物配混，采用高效发酵菌剂，通过覆膜发酵及物联网智能控制，进行快速好氧发酵，制成有机肥料并就地还田。具有发酵周期短、处理效率高、使用范围广、运营成本低、环保节能、物联网智能调控等优点。单套装备可覆盖农业用地30亩或林果用地100亩。

纳米膜发酵设备

四、蔬菜尾菜资源化利用篇　47

2. 工艺流程

技术工艺流程主要包括物料粉碎、物料混配、建堆、覆膜、智能控制、腐熟发酵、还田利用等工序。核心部件为一种防水进气功能性选择透过性膜材料，可使发酵过程通氧顺畅，有效截留臭气、粉尘等，短时间内可将有机废弃物转化成高品质肥料。

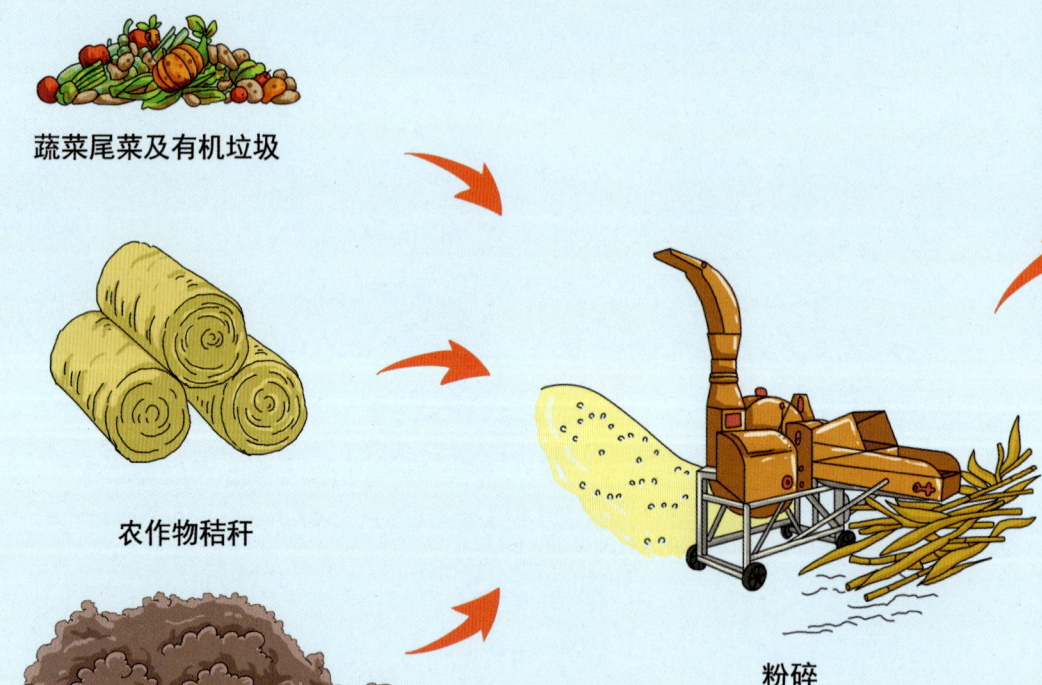

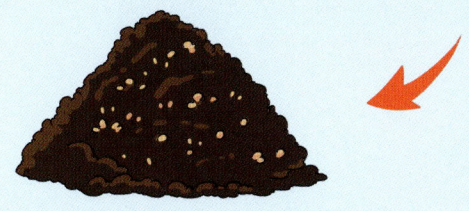

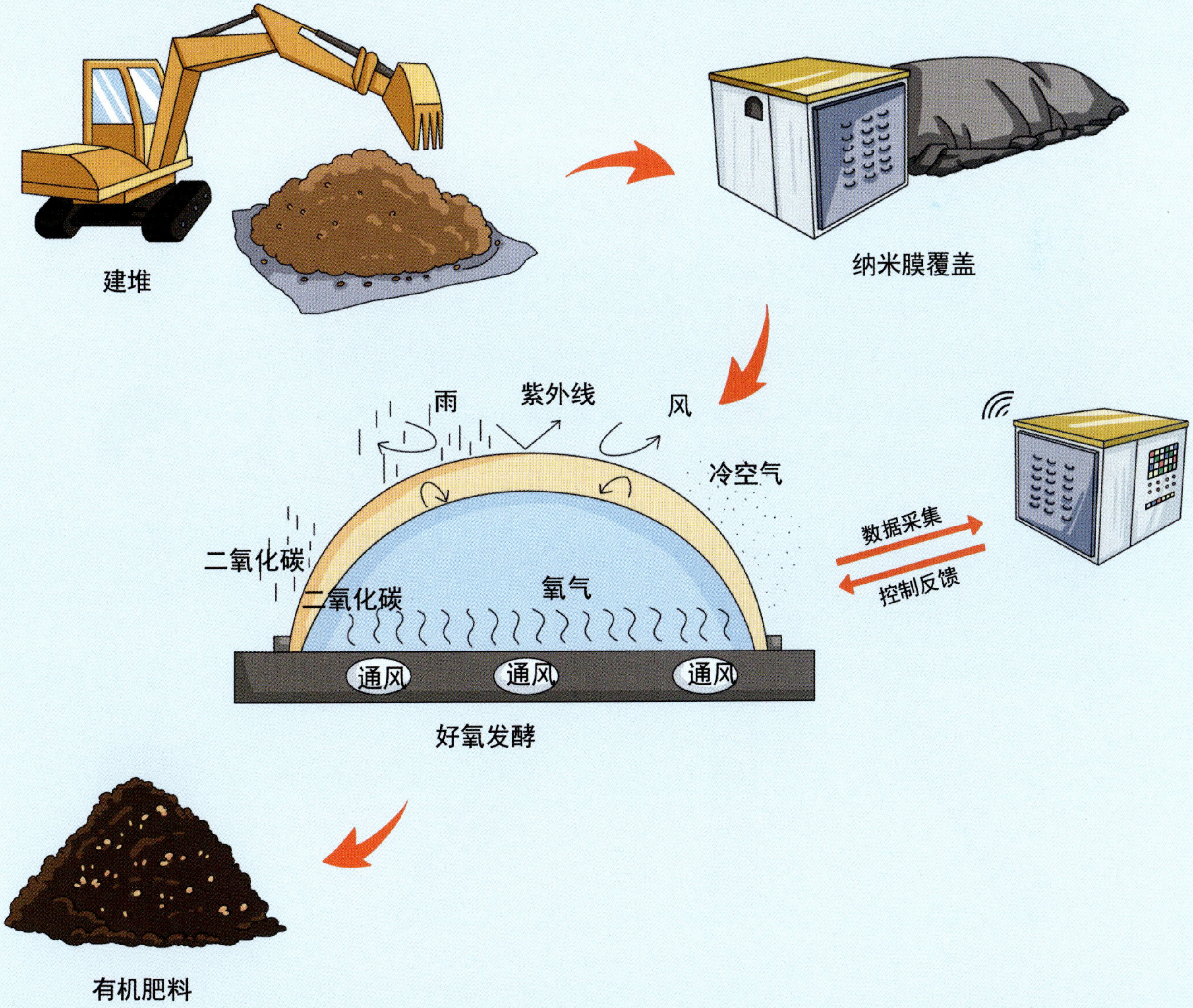
建堆
纳米膜覆盖
雨
紫外线
风
冷空气
二氧化碳
二氧化碳
氧气
通风
通风
通风
数据采集
控制反馈
好氧发酵
有机肥料

3. 技术要点

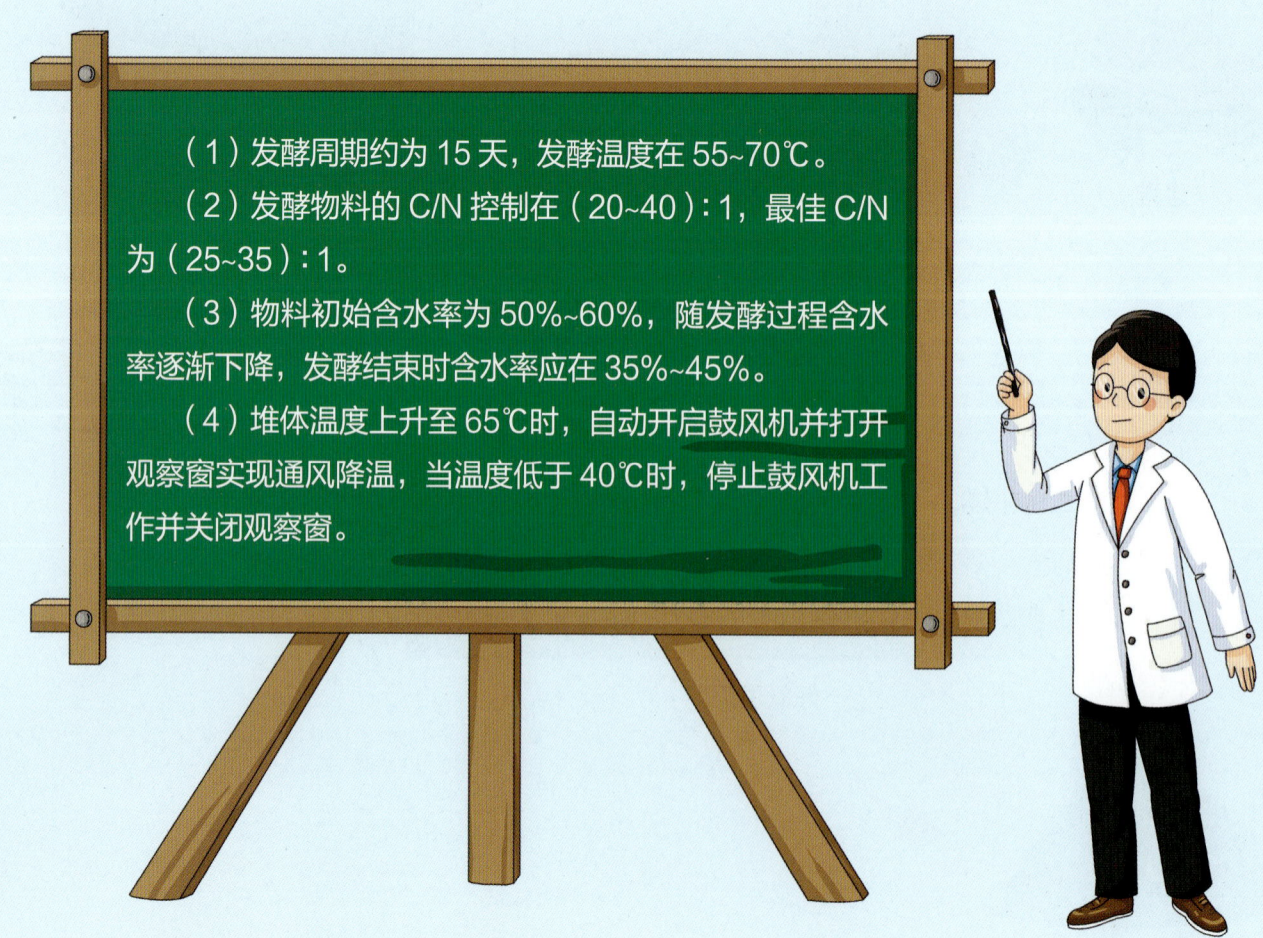

（1）发酵周期约为 15 天，发酵温度在 55~70℃。

（2）发酵物料的 C/N 控制在（20~40）:1，最佳 C/N 为（25~35）:1。

（3）物料初始含水率为 50%~60%，随发酵过程含水率逐渐下降，发酵结束时含水率应在 35%~45%。

（4）堆体温度上升至 65℃时，自动开启鼓风机并打开观察窗实现通风降温，当温度低于 40℃时，停止鼓风机工作并关闭观察窗。

4. 应用案例

名称：银黄农场田间纳米膜堆肥试点工程。

地点：位于百善镇牛房圈村，园区占地面积200亩，其中日光温室70栋，连栋智能温室1.2万平方米。

设计处理能力及覆盖范围：该站点纳米膜堆肥设计肥堆体积约60立方米，单次处理量约40吨，主要服务范围为种植园区及周边地区。

运行情况：2020年8月开始运行，累计处理草莓秧、番茄秧、农作物秸秆、林果枝条、杂草等2000吨，生产土壤改良剂约800吨，实现了园区农业废弃物全部就地就近循环利用。

模式八　条垛式堆肥技术模式

1. 模式简介

条垛式堆肥技术是将蔬菜尾菜、畜禽粪污、农作物秸秆等农业废弃物按照适当比例混合均匀后,将物料堆制成长条垛或条堆,通过定期翻堆和强制通风相结合的方式保持堆体中的好氧状态,完成好氧发酵过程。经过10~25天的发酵后,堆体体积减少,将条垛重新整合后进行二次发酵,待温度逐渐降低并稳定,即完成全腐熟,实现废弃物的无害化、减量化和资源化利用。条垛式堆肥技术模式具有操作简单、简便易行、设备投资低等特点。

四、蔬菜尾菜资源化利用篇

2. 工艺流程

主要工艺流程包括物料预处理、物料混配、物料堆垛、好氧发酵、翻堆、腐熟完成等。

蔬菜尾菜及有机垃圾

农作物秸秆

畜禽粪污

添加菌剂

物料混配

土壤改良剂施用

条垛堆肥

土壤改良剂

3. 技术要点

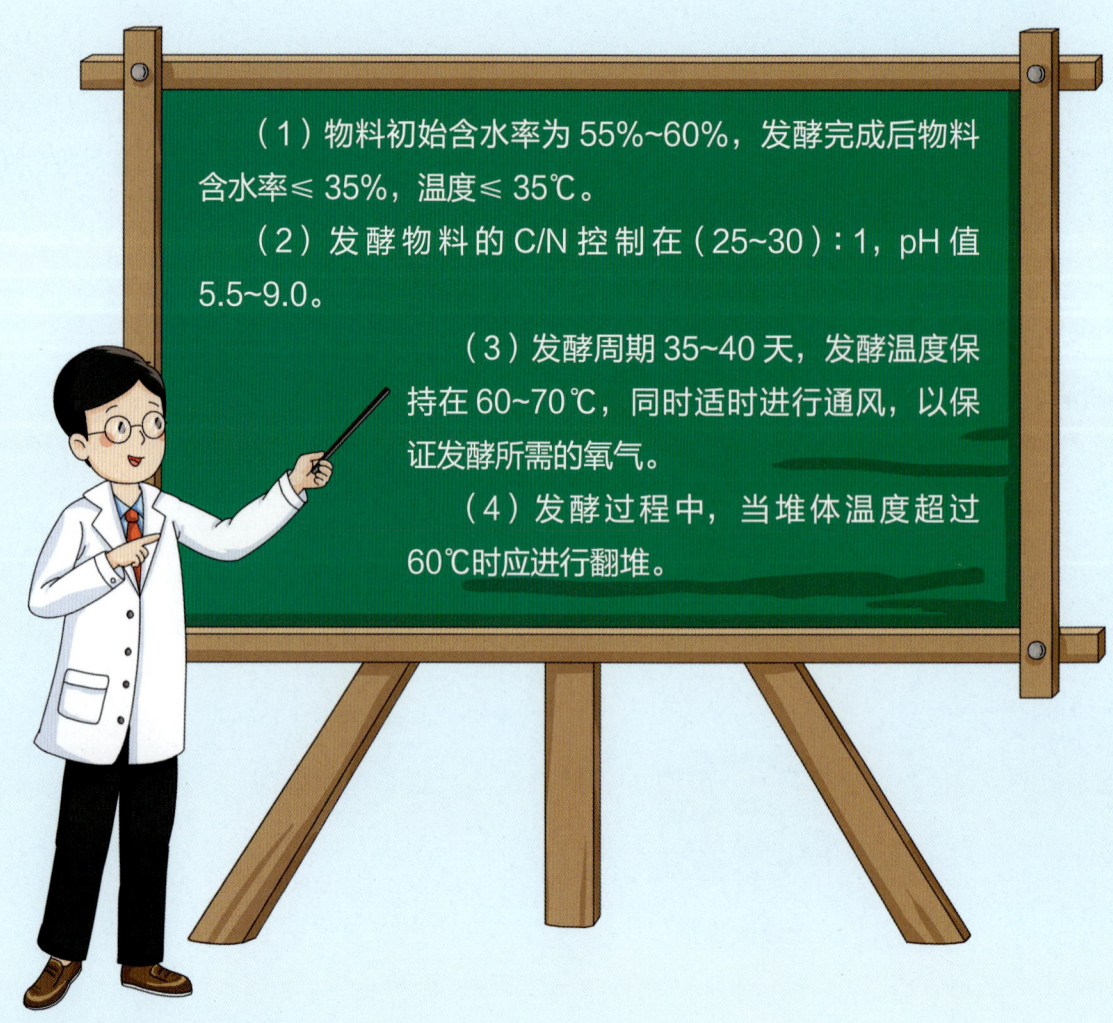

（1）物料初始含水率为55%~60%，发酵完成后物料含水率≤35%，温度≤35℃。

（2）发酵物料的C/N控制在（25~30）:1，pH值5.5~9.0。

（3）发酵周期35~40天，发酵温度保持在60~70℃，同时适时进行通风，以保证发酵所需的氧气。

（4）发酵过程中，当堆体温度超过60℃时应进行翻堆。

4. 应用案例

名称：崔村镇农业废弃物综合利用站。

地点及规模：位于崔村镇大辛峰村千亩双高智慧农场南侧，占地面积4000平方米，配备粉碎设备、移动粉碎设备、二级粉碎设备等20余台套。

设计处理能力及覆盖范围：设计规模为年处理农业废弃物6000吨、生产土壤改良剂3000吨。

运行情况：2023年处理农作物秸秆、蔬菜尾菜、林果枝条等农业废弃物5000余吨，添加本地产生的畜禽粪污，生产土壤改良剂2000余吨。

五、林果枝条资源化利用篇

模式九　林果枝条制作食用菌菌棒技术模式

1. 模式简介

　　林果枝条制作食用菌菌棒技术是将板栗、苹果等林果枝条进行精细化粉碎，按照一定的比例与棉籽皮、麸皮、石灰、石膏等物料均匀混配，经装袋、灭菌、接种培养等工艺流程，制备栗蘑等木腐菌菌棒。该模式能够有效利用林果枝条，防止因其废弃造成的环境污染，同时为食用菌生产提供丰富的原材料，使用过的菌棒还能够进一步处理转化为优质有机肥料，具有转化效率高、生态效益和经济效益高等特点，是林果枝条基料化利用的重要途径。

2. 工艺流程

工艺流程主要包括林果枝条收集、筛选、粉碎、培养料配比、装袋、高压灭菌、接种、培养、存放保存等工序。通常将收集的林果枝条晒干后用木屑机粉碎成木屑，与棉籽皮、玉米芯等物料均匀混配，经过装袋灭菌、接种培养等程序，制成食用菌菌棒。一般接种后 30~35 天菌丝可长满整袋。

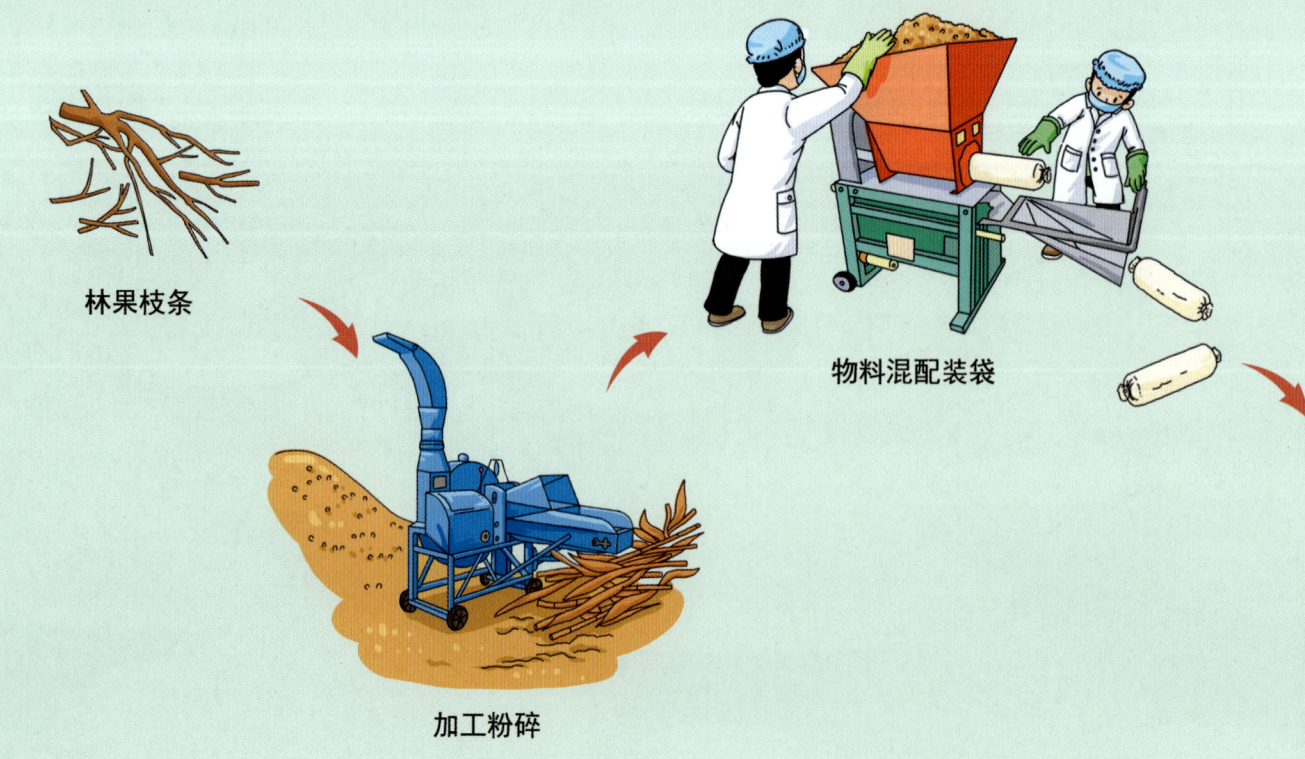

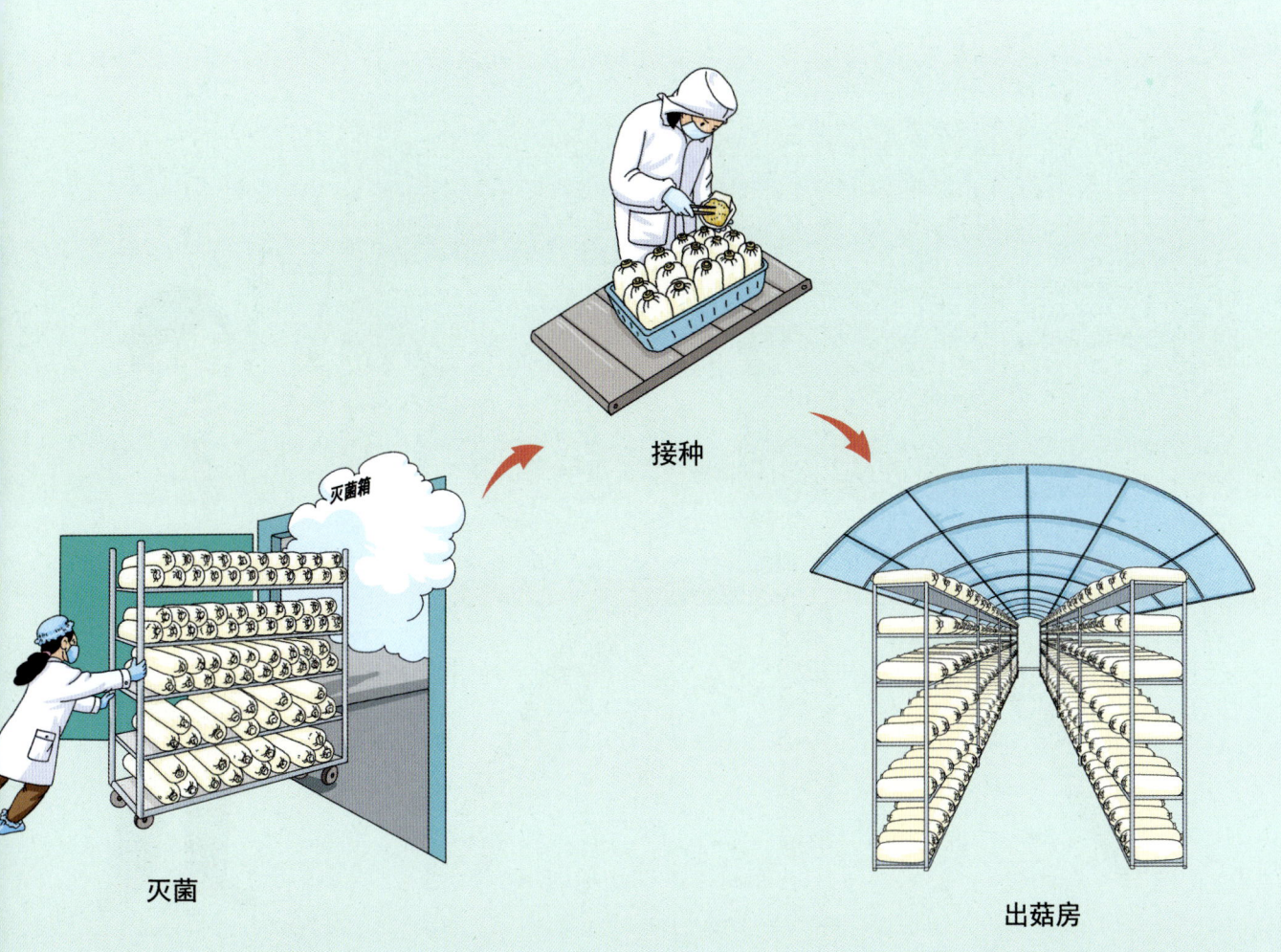

3. 技术要点

（1）枝条粉碎：林果枝条粉碎长度≤2厘米。

（2）混料：将木屑、棉籽皮、麸皮、石灰、石膏等均匀混合，保持木屑含量40%，含水率60%，pH值7.0。

（3）装袋灭菌：原料装袋后高压蒸汽灭菌，灭菌温度126℃，灭菌时间6~8小时。

（4）接种培养：料袋温度冷却至30℃左右时，无菌操作接种，并置于25~28℃发菌培养。

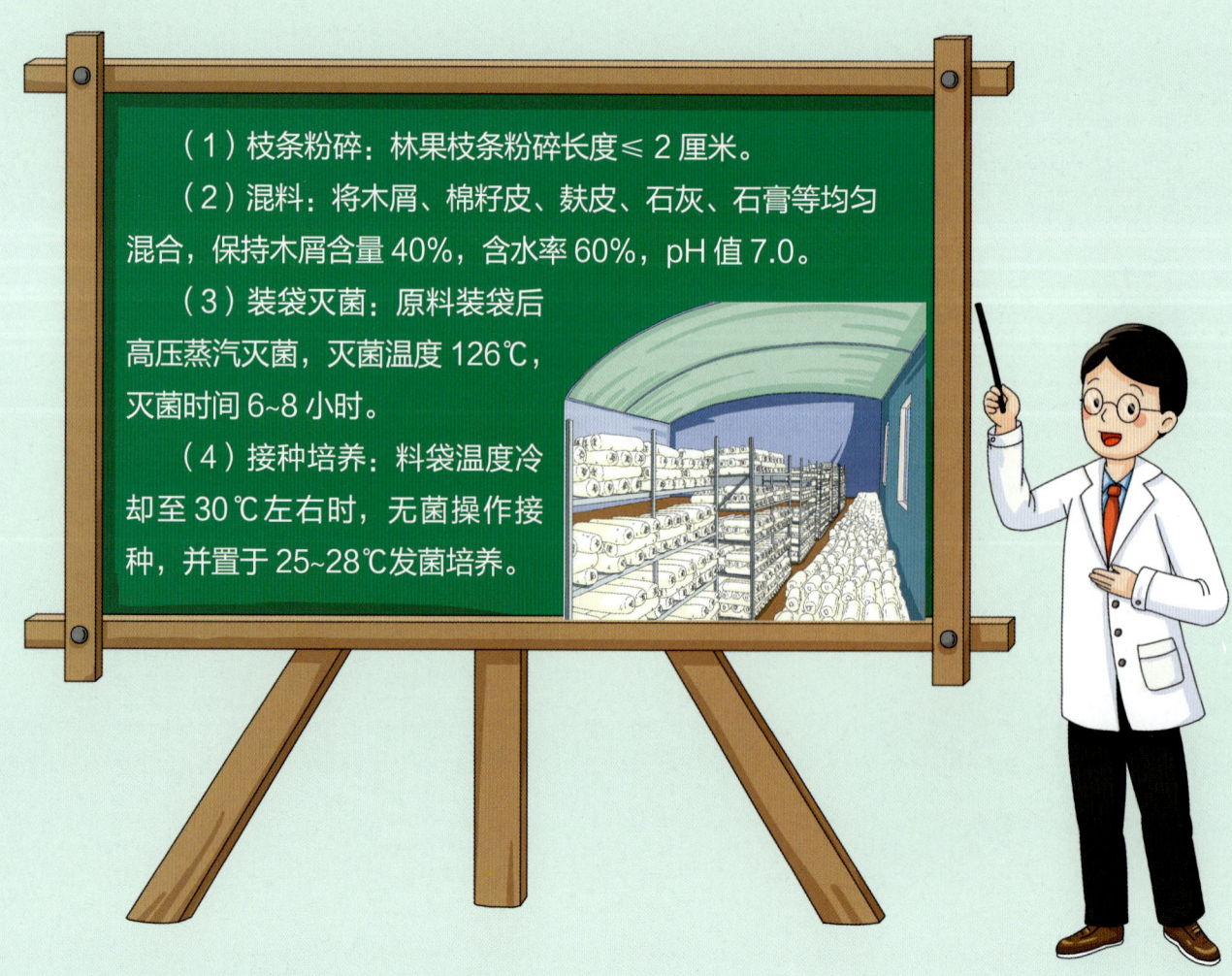

4. 应用案例

名称： 北京海疆栗蘑专业合作社。

地点及规模： 位于延寿镇黑山寨村，养菌车间、库房、制菌车间等厂房总面积1800平方米，配置揉丝粉碎机、原料混配机、接种箱、高压灭菌柜、装袋生产线等设备8台套。

设计处理能力及覆盖范围： 设计年处理板栗等林果枝条1200吨，年产栗蘑菌棒300万棒。

运行情况： 2023年共处理板栗等林果枝条800吨，年产栗蘑菌棒200万棒。

模式十　林果枝条制备生物覆盖材料技术模式

1. 模式简介

林果枝条制备生物覆盖材料技术以林果枝条为原料，经过粉碎、筛分、揉丝染色、晾干等步骤，制成不同颜色和类型的生物覆盖材料。该技术以"减量化、资源化"为目标，将林果枝条变废为宝，染色过程采用无毒、无害、无污染的耐火染料，不仅最大程度避免对土壤的污染，还具有一定防火能力，为林果枝条处理利用提供了一种新途径。

彩色生物覆盖材料

林果枝条　粉碎机　碎木屑

采用该技术制备的生物覆盖材料可铺设于园艺植物或树木周围土壤表面，不仅为裸土地表增加了视觉美感，还可以缓慢分解为有机养分，涵养土壤中的水分，减少水分直接从地面蒸发，改善土壤结构。另外，生物覆盖材料能够有效抑制杂草种子萌发，促进植物健康生长，具有改善生态、吸附扬尘、减少土壤侵蚀和降低土壤紧实度等多种功能，应用前景广阔。

2. 工艺流程

　　工艺流程主要包括林果枝条收集、粉碎、筛分、揉丝染色、晾干等，将林果枝条加工成绿化覆盖物、生态铺路材料等。通常将收集的林果枝条粉碎后，经过滚筒筛分机筛选出符合要求的木屑原料，再用揉丝染色机将木屑染色后充分晾干，得到生物覆盖材料。

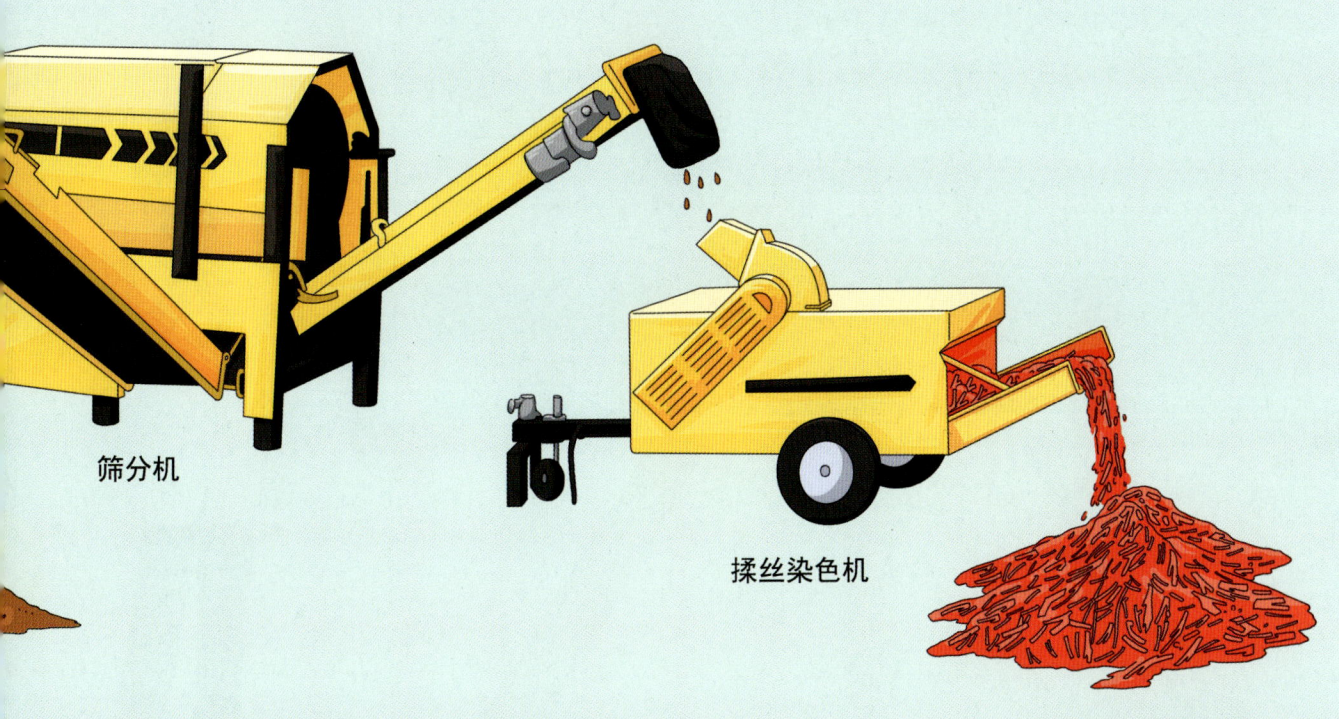

筛分机

揉丝染色机

彩色生物覆盖材料

3. 技术要点

（1）粉碎：将收集的果树枝条粉碎至粒径为 5~8 厘米的颗粒。

（2）筛分：采用滚筒式筛分装置，筛除粒径 2 厘米以下的颗粒。

（3）揉丝染色：将筛分后的颗粒进行揉丝处理染色，使其结构变得更加松散，上色更加均匀。

4. 应用案例

案例：阳坊镇农业废弃综合利用站。

地点及规模：位于阳坊镇后白虎涧村，建设原料收储车间、粉碎预处理车间、染色车间等2000平方米，购置林果枝条粉碎机、滚筒筛、染色设备、粘结设备等5台套。

设计处理能力及覆盖范围：设计年处理林果枝条等农林废弃物3.5万吨以上。

运行情况：2019年建成投产，年生产生物质揉丝染色覆盖材料2000吨，可覆盖面积约2万平方米。

昌平区"一花三果"

草莓

百合花

苹果

柿子